全国高等学校建筑学学科专业指导委员会
建筑美术教学工作委员会推荐教材

中国建筑学会建筑师分会
建筑美术专业委员会推荐教材

全国高校建筑学与环境艺术设计专业
美术系列教材

速写基础

华 炜 主 编

朱建民
李 梅 副主编

Basic Skills of Sketches

U0300624

中国建筑工业出版社

图书在版编目（CIP）数据

速写基础／华炜主编. —北京：中国建筑工业出版社，2013.4
全国高等学校建筑学学科专业指导委员会建筑美术教学工作委员会推荐教材
中国建筑学会建筑师分会建筑美术专业委员会推荐教材
全国高校建筑学与环境艺术设计专业美术系列教材
ISBN 978-7-112-14966-7

Ⅰ.速… Ⅱ.华… Ⅲ.建筑艺术—速写技法 Ⅳ.①TU204

中国版本图书馆CIP数据核字（2012）第288858号

建筑学科涵盖建筑学、城市规划、风景园林学、环艺设计、数码设计等领域，建筑类设计师用速写表现建筑、室内、风景园林与画家以此为题材作画的目标是大相径庭的，有一种记录、构思、快速表现设计的意图在里面。这是一本非纯艺术类的而极具建筑类特色的专业基础教材，既全面、细致地介绍速写基础理论，又充分梳理、强化速写基础教学的实践性训练环节。

本书内容包括概述，速写的工具、要点、规律、表现及佳作欣赏，并兼顾到建筑学科各专业对速写教学的共同需求。

责任编辑：陈 桦 杨 琪
责任校对：张 颖 陈晶晶
版式设计：美光设计

全国高等学校建筑学学科专业指导委员会建筑美术教学工作委员会推荐教材
中国建筑学会建筑师分会建筑美术专业委员会推荐教材
全国高校建筑学与环境艺术设计专业美术系列教材
速写基础
华 炜 主 编

朱建民 李 梅 副主编
*
中国建筑工业出版社出版、发行（北京西郊百万庄）

各地新华书店、建筑书店经销
北京美光设计制版有限公司制版
北京画中画印刷有限公司印刷
*
开本：880×1230毫米 1/16 印张：4¾ 字数：148千字
2013年5月第一版 2013年5月第一次印刷
定价：36.00元
ISBN 978-7-112-14966-7
　　　（23034）

作者简介

华 炜

华中科技大学建筑与城市规划学院教授、艺术设计系副主任、中国美术家协会会员、中国建筑学会会员、中国建筑美术专业委员会秘书长。

研究方向：建筑美术、景观与室内设计、传统建筑装饰。

主要作品：

作品入选：第九、十届全国美术作品展览及中国百年水彩画展等展览。

作品获：第四届全国水彩·粉画展览铜奖及全国首届小幅水彩画展铜奖。

传略收入：《中国现代美术全集·水彩卷》、《中国水彩画史》等典籍。

主要著作：《华炜水彩画作品集》；《建筑美术实景写生与表现》；《中国传统建筑的石窗艺术》；《50天自驾环游美国》。

主编教材：《设计素描》、《设计色彩》、《速写基础》。

李 梅

华中科技大学建筑与城市规划学院讲师，美术教研室主任，在读工程景观博士。编写普通高等教育"十一五"国家级规划教材《基础素描》、普通高等教育"十一五"国家级规划教材《水粉风景技法》，此外还有《素描技巧入门》、《设计色彩》等著作。并主持《武陵地区乡土石作景观研究》国家自然科学基金青年基金项目。

朱建民

毕业于苏州大学艺术学院，现为厦门大学建筑与土木工程学院副教授，美术教研室主任。中国美术家协会福建分会会员、厦门美术家协会理事、中国建筑师学会会员。多幅绘画作品入选国内外各类画展，并撰写多篇专业论文在《美术研究》、《装饰》等国家核心刊物发表，编著《建筑形态构成基础》、《设计》均由国家级出版社出版发行。

本系列教材编委会

序 | **Preface**

为推动建筑学与环境艺术专业美术教学的发展，全国高等学校建筑学学科专业指导委员会建筑美术教学工作委员会、中国建筑学会建筑师分会建筑美术专业委员会与中国建筑工业出版社经过近两年的组织策划，于2012年4月启动了《全国高校建筑学与环境艺术设计专业美术系列教材》的建设，力求出版一套具有指导意义的，符合建筑学与环境设计专业要求的美术造型基础教材。本系列教材共有9个分册：《素描基础》、《速写基础》、《色彩基础》、《水彩画基础》、《水粉画基础》、《建筑摄影》、《钢笔画表现技法》、《建筑画表现技法》、《马克笔表现技法》，将在近期陆续出版。

美术造型基础对于一个未来的建筑师、艺术家、设计师而言，能够有效地帮助他们积累认识生活和表现形象的能力，帮助他们运用所掌握的知识创造性地来表达设计构想、绘画作品和艺术观念，这正是我们美术基础教学的意义与目的所在。

天津大学建筑学院彭一刚院士说过一段话："手绘基础十分重要，计算机作为设计工具已是一个建筑师不可或缺的手段，可计算机画的线是硬线，但设计构思往往从模糊开始，这样一个创作过程，手绘表现的必要就显现出来。"建筑学和环境艺术专业教育的对象是未来的建筑师、室内设计师和风景园林师。他们在创造自己的设计作品时，首先要通过草图来表达自己的设计构想，然后才能通过其他手段进一步准确地表现所设计的空间形态与设计语言，即便在电脑设计运用发达的今天，美术造型基础和综合表现能力仍然是一个优秀设计师必须具备的素质。

本系列教材的编写者，都是具有多年教学经验的教师。各位作者研究了近年来我国各高校建筑学与环境设计专业美术教学的现状，调研了目前各高校的教学与教改状况。在编写过程中，参加编写的教师能够根据教学规律与目的，结合实践与专业特点进行教材的编写。在图例选用上尽量贴近专业要求和课堂教学实际，除部分采用大师作品外，还选用了部分高校一线教师的作品以及优秀学生作品，使教材内容既有高度，又有广度，更贴近学生学习的需要。本教材按照专业基础的学习要求，最大限度地把需要学习掌握的知识点包含在内。我们相信该系列教材的出版，可以满足全国高等学校建筑学与环境艺术专业当前美术教学的需求，推动美术教学的发展；同时，本系列教材也会随着美术教学的改革和实践，与时俱进，不断更新与完善。

本书编写过程中得到了国内诸多高校同仁的鼎力相助，在此要感谢东南大学、清华大学、天津大学、同济大学、中央美术学院、湖南大学、合肥工业大学、南京工业大学、华中科技大学、北京建筑大学、西南民族大学、湖北师范学院、江西美术专修学院、长沙艺术职业学院、厦门大学、哈尔滨工业大学、西安建筑科技大学、华南理工大学、重庆大学、四川大学、上海大学、广州大学、长安大学、西南交通大学、郑州大学、西安美术学院、内蒙古工业大学、吉林艺术学院、苏州科技学院、山东艺术学院等三十多所院校的四十多名老师的积极参与，同时还要特别感谢提供优秀作品的老师和学生。

全国高等学校建筑学学科专业指导委员会建筑美术教学工作委员会
中国建筑学会建筑师分会建筑美术专业委员会
2013年4月

目　录　Contents

绪 言 **Introduction**

速写——建筑表现的原动力

  我们教材的对象是培养那些未来的建筑师、风景园林设计师和室内设计师这样一群为其他人设计使用空间的人。那么，这群人将在创造自己设计作品中，首先要通过准确表达出这种空间形象才能传达出自己想象空间的形式，即便是在电脑设计手段极发达的今天，手绘的综合表现能力仍是成败的关键。每当设计师面临画出一个令人信服的设计概念草图时，必须用线条快速勾勒创新思维与动念，使之在作品中淋漓尽致地表达出来。这种出图的过程，通过天津大学建筑学院彭一刚院士的一段话可见一斑："手绘基础是十分重要，计算机作为设计工具已是一个建筑师不可缺的手段，可计算机画的线是硬线，但设计构思往往从模糊开始，这样一个创作过程，手绘表现的必要就显现出来。"速写形式在于能快速写生对象形态，又可尝试快速描绘出思维创造的设计草图，更多的时候速写草图很好诠释手绘在设计表现中的意义所在。

  关于速写，我们习惯的定义是："一种快速写生手段"，是有效积累创作素材的方式。英文"sketch"是"草图"的意思，有创作意向简略表达含意。其实对一个学习设计专业的人掌握速写技法来说，既可通过速写作为一种形象快速记录，又可用速写方式以图达意，同样速写还可作为独立的艺术表现形式而显现出来。

  速写的运用其中的"速"字与"快图设计表现"中的"快"字在设计的初期阶段有其紧密的内在联系，创作者平时对生活的积淀往往会无意识地通过快速表现下的画笔印迹释放出来，这种表现称之为突发灵感也好，碰撞出智慧的火花也好，这第一感觉下所绘的印迹通常影响到整个设计的形式和思路发展方向。由此可见速写技能的掌握对一个设计师来说显得尤为重要。速写过程虽强调简洁达意，实际很多速写在运笔、落笔时强调笔笔到位，构思也不乏深思熟虑，并非简单用一个快字去理解。

  英国Peter Cook教授有本著作名为《绘画：建筑的原动力》，我个人觉得十分贴切。这里借用此意为"速写——建筑表现的原动力"，让我们可从建筑大师们的设计草图手稿中寻觅到大师心灵印迹的原动力。

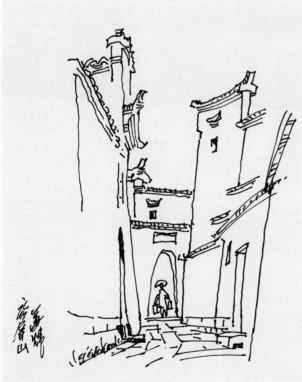

华炜（安徽黟县屏山日记）

第1章 速写表现工具

速写工具材料的认知是每位学生与爱好者必须懂得的，正所谓"工欲善其事，必先利其器"。市场里工具很多，缺乏指导的初学者会在形形色色的文具中迷失，我在此提供点参考意见以便能做出自己的初步选择，并且在专业的指导下领悟所选工具材料的魅力，并钟情于它，最终找到所学者特别偏爱和尤其符合本人个性的某些东西。当然我们也不应在工具材料的选择这个问题上吹毛求疵，急功近利。工具材料的潜质是长期训练后才会显现的，不要因为刚接触的不熟悉而影响情绪。用最好的材料，你可能画出好的作品，当这些不是你容易得到，请找其他工具材料也是一样的，经过你的创造，效果可能更让人惊喜。

1.1 硬笔

硬笔的种类颇多，主要有铅笔、炭笔、钢笔、圆珠笔等，其性能与效果都大不相同。

1. 铅笔

铅笔：铅笔是我们熟悉并普遍采用的速写工具。它的笔迹是可擦写的，尤其深受初学者喜爱。对于专业人士选择铅笔画速写侧重的则不同，如：铅笔芯中的主要成分石墨粉，使绘画者感到用笔的润滑流畅；铅笔笔芯由于参入的黏土比例不同，其线条可以或粗或细，或重或淡，变化丰富等（图1-1）。

铅笔的分类：石墨铅笔、特种铅笔、彩色铅笔。

石墨铅笔：国际通用标准是用"No."表示。"No."后的编号越大笔芯越硬，如No.1相当于国标的3B、2B；No.2相当于B、HB、F；No.3相当于H、2H；No.4相当于3B、4H。中国国家标准是GB/T149—1995规定按其硬度不同分为6B、5B、

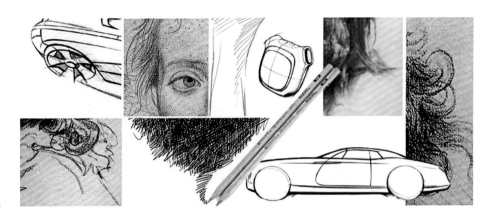

图1-1 铅笔及表现效果

4B、3B、2B、B、HB、F、H、2H、3H、4H、5H、6H、7H、8H、9H、10H共18
种，用"Hard"的大写字母"H"表示硬质铅笔，用"Black"的大写字母"B"表
示软质铅笔，"HB"表示软硬适中的铅笔。现今市面上某些品牌铅笔标号繁杂，让
人没有标准这一概念了，大家购买使用可以以使用实际效果来挑选。

就效果而言：

硬铅："H"代表硬的程度，色泽偏淡，反复涂抹笔迹易发光，且容易擦掉。用
力过大，笔迹会变得油亮，纸张受损。

软铅："B"代表软的程度，色泽浓厚，笔迹柔顺，控制笔的力度可以形成深浅
色调。涂抹过多，不易擦干净，易弄脏画纸。

自动铅笔：绘画笔迹工整、粗细均等、线条干净利落且色泽适中。可使用不同
的笔芯，且可伸缩，便于携带。

木工用铅笔：笔芯形状扁平，笔迹宽窄有致，色泽有虚有实。把笔芯削成独特
形状，笔锋表现会犀利有力度、帅气，还能产生独特效果。

品牌：

铅笔品牌中"中华"是老牌子质量较好但不如从前，"马利"牌较新是近些年
才开始画笔制作的，不太稳定，其他新牌子同样。进口铅笔价格较高但使用效果很
好，三菱、辉柏嘉、施德楼、红环、捷克等可选择。

使用提示：铅笔选2B、3B、4B、5B速写较为合适。其线条柔和，自然流畅且有
粗细、浓淡、虚实之分。画速写时，少用橡皮去擦画错的地方。线条一次画不准，
可以重复画一条，这样会使画面有更加丰富而生动的效果。使用砂纸把铅芯磨成楔
形，可画宽的线条。握笔的手劲轻重、旋转变化，加上宽芯笔画的角度转折和变
化，能让画面有更多变化和美妙的艺术效果。

彩色铅笔：笔芯由具有高吸附显色性的高级微粒颜料制成。笔迹具有透明度和
色彩度，能均匀着色于各类型纸张上。老式彩铅有大家熟悉的用于作标记的红蓝铅
笔，而现今彩铅色系丰富，有单支系列（129色）、12色系列、24色系列、36色系
列、48色系列、72色系列、96色系列等。

彩色铅笔分为两种，一种是普通彩色铅笔，一种是水溶性彩色铅笔。

普通彩色铅笔可分为干性和油性两种。我们多选择干性，油性彩色铅笔笔迹有
粗糙感，层叠覆盖困难。

水溶性彩色铅笔，笔芯可溶解于水，笔迹晕染开可以展现出透明水彩的效果。
蘸水使用前，水溶性彩色铅笔的使用可以像普通彩色铅笔那样干画且效果是一样的。
用毛刷蘸水轻刷画过的笔迹之后，原先干实的色块就会变成像水彩一样，颜色非常鲜

图1-2 彩色铅笔及表现效果

艳亮丽，十分漂亮，而且色彩很柔和。把水溶性彩色铅笔当普通彩色铅笔使用，这样有点浪费，毕竟水溶性彩色铅笔价格较普通彩色铅笔要贵得多（图1-2）。

品牌：

MARCO马克的应该是不错的，中美合资公司；

辉柏嘉是德国的品牌，印尼的铅芯，应该是世界上数一数二的品质了；

施德楼，made in china很一般，如果是made in germany的就很好；

三菱(Mitsubishi)，质量不错；

国产品牌，中华自然是老牌子，经济实用。

特种铅笔：包括用于玻璃、金属、陶瓷等标记用的特种铅笔；用于抄写重要文件长期有保存价值的遇水显出颜色的变色铅笔。

铅笔画速写——可根据个人的偏爱，选用不同标记的铅笔。一般硬笔适合画以线条为主要表现手段，工整、娟细的速写；软笔适合画以线和色调结合，且线条流畅、奔放的速写。有不少画家喜用铅笔画后再施以淡彩，铅笔的特点是便于掌握，其中有些后加的淡彩是为创作记录颜色感受。使用铅笔的方法要灵活如：铅笔侧用，可画粗线，抓大效果；用其棱角可画细线，丰富细节。还可用手指或纸笔辅助揉擦，产生微妙的色调（图1-3）。

图1-3 铅笔的各种速写表现

图1-4 炭笔及表现效果
图1-5 华炜速写（炭笔）

2. 炭笔

炭笔：质地较松脆，黑白对比度强。炭笔作画可涂、可抹、可擦，亦可做线条或块面处理，便于画出丰富的层次与色调，并可借助于手或纸笔的揉擦，亦可辅以橡皮的提擦等手法，效果变化更多。炭笔的表现力较强，为一般画家所喜用。炭笔大多由柳树的细枝烧制而成，有粗、细、软、硬之区别。较软炭笔打稿，易于擦掉，可反复修正，不伤画纸，修饰细部时可再用较硬炭笔。所以用炭笔作为速写练习工具非常合适（图1-4，图1-5）。

3. 钢笔

图1-6 华炜速写（钢笔）

钢笔：是一种主要以金属当做笔尖的笔类书写工具，透过中空的笔管盛装墨水，通过重力和毛细管作用，再经由鸭嘴式的笔头书写。钢笔这个工具简单，绘制方便，笔调清劲、轮廓分明，具有峭拔清俊、刚劲天骄的气质，有其他工具绘画无法与之媲美的特点，可说是书法与绘画的理想工具。钢笔最初是用羽毛或芦管制作的，1825年出现最早的钢笔。

钢笔有普通钢笔、美工钢笔、针管笔、蘸水笔等多种类型，且大部分钢笔的墨水可再填充。常用于速写绘画的是美工钢笔、针管笔、蘸水笔（图1-6）。

美工笔：美工笔是特制的弯头钢笔，画出的线条可粗可细，笔触变化丰富，容易画出感情丰富的画面。美工笔绘画时也可以线面结合，灵活多变地表现对象。美工笔的用笔比较讲究不易把控，初学者不容易掌握，需要反复

练习与熟悉（图1-7，图1-8）。

美工笔对于笔尖要求较高，有以下几点需注意：

（1）笔尖弯曲长度：弯曲长度越大，则可书写绘画的尺寸就越大，如果加以好好控制，书写绘画的尺寸可大可小，非常灵活。弯曲长度有的只有1~2mm明显不太够用，挑选时注意最好达到2~3mm。

（2）笔尖弯曲角度：这与个人书写习惯角度有关，一般来说，正确的握笔姿势，拇指、食指执笔，中指辅助，无名指、小指弯曲，笔杆通常靠在食指的根部，手指距笔尖约一寸，为日常书画，而手指距笔尖再长一些，或笔杆往虎口靠近一些，可书写绘画较大幅面，因此弯曲角度选50°左右为佳。

（3）笔尖用金尖好用否：金尖的弹性对于美工笔来说并不适合，美工笔靠的是对接触面的控制来达到效果的。

美工笔对于笔的重量也有要求：

爱好书法的人往往喜欢略重的笔，而在绘画时，美工钢笔则不是一味的重为好。笔过重，若长时间绘画手会感到很疲劳。对挑选美工笔需要注意笔的绘画的手感，笔帽绝不能过重，以套笔帽书写重心不偏后为佳。

品牌：

美工笔不需要挑选贵重的品牌，一般国产的够用。进口的标"美工笔"的是宽尖笔，不适合绘画。选美工笔适用合手即可。

针管笔：它是专门用于绘制墨线线条图图纸的基本工具之一。针管笔又称绘图墨水笔，能绘制出均匀一致、精确的且具有相同宽度的线条。用针管笔画建筑速写比较慢，不容易提高速度，这和针管笔的笔头方向有关系，但是容易画得规矩，用笔层次明显。

针管笔的针管管径的大小决定所绘线条的宽窄。针管笔有不同粗细，其针管管径有从0.1~2.0mm的各种不同规格，一般配备0.1、0.3、0.5、0.7、或0.2、0.4、0.6、0.9即可。在设计制图中至少应备有细、中、粗三种不同粗细的针管笔。

品牌：

国产英雄牌、德国红环牌较为好用。

蘸水笔：它是钢笔画和漫画创作的基本工具。蘸水笔的线条能根据力度、角

图1-7 美工钢笔的速写表现
图1-8 华炜速写（美工笔）

度与所蘸墨水的量的不同产生灵活的粗细变化，但书写过程中需要频繁的蘸墨水。蘸水笔由一个可更换多个笔尖的笔杆和各种型号的钢制笔尖组成，当然也有单只一体笔。

蘸水笔的笔尖种类很多，各笔尖的特点根据每种笔尖的软硬与弹性的程度各有不同。笔尖主要有G笔、D笔（也称镝笔）、圆笔和学生笔。

细分出的各种笔类的特性和绘画方式各有千秋。G笔：笔尖富有弹性，容易控制线条粗细变化，能画出抑扬顿挫之感的线条。D笔：弹性比G笔、圆笔小，较易控制线条的粗细变化，不易划纸，常用于绘制各式效果线，非常受画家们的青睐。圆笔：笔尖弹性大，线条绘画很细，常用于细部的描绘。缺点较容易划纸。学生笔：笔尖弹性小，画出的线条较细且粗细较均匀，常用于绘制背景及效果线。另外有些种类的蘸水笔适用于描绘背景。

墨水：以上种类的钢笔都需要使用到墨水。常用的墨水有黑、红、蓝三种。速写绘画使用的黑墨水以碳素墨水最为理想。黑墨水有光泽，用在纸上黑白分明，十分醒目，效果最好。在历史上赭色的墨水也使用较为普遍，现在彩色墨水的使用也很普遍，他们的使用使速写作品更为丰富多变。

1.2 中性笔

中性笔：中性笔是目前国际上流行的一种新颖的书写工具。其书写介质的黏度介于水性和油性之间的圆珠笔、毡头笔称为中性笔。中性笔书写手感舒适，油墨黏度较低，并增加容易润滑的物质，因而比普通油性圆珠笔更加顺滑，是油性圆珠笔的升级换代产品。中性笔的笔尖由粗到细，分为0.35、0.38、0.5等不同粗细，可产生半透明的、有角度变化的线。经常用来绘制服装、漫画、工业或建筑效果图。

中性笔划表现毛笔效果，即类似于签字笔的绘制效果。可以完成要求细腻的精致画或快速绘制的素描。中性蘸水笔可以模仿各种类型的马克笔效果。在文化用品商店中很常见，很方便购买。

1.3 软笔

1.毛笔

毛笔(Chinese brush, writing brush)，是一种源于中国的，也是古代汉族与西方民族用羽毛书写风采迥异的独具特色的传统的书写、绘画工具。毛笔是汉民族对世界艺术宝库提供的一件珍宝。当今世界上虽然流行铅笔、圆珠笔、钢笔等，但毛笔却是替代不了的。

毛笔的分类主要依据为尺寸、毛的种类、来源、形状等来分。

按笔头原料可分为：胎毛笔、狼毛笔（狼毫，即黄鼠狼毛）、兔肩紫毫笔（紫毫）、鹿毛笔、鸡毛笔、鸭毛笔、羊毛笔、猪毛笔（猪鬃笔）、鼠毛笔（鼠须笔）、虎毛笔、黄牛耳毫笔、石獾毫等，以兔毫、羊毫、狼毫为佳。

图1-9 毛笔及表现

按常用尺寸可分为：小楷，中楷，大楷。更大的有屏笔、联笔、斗笔、植笔等。

按笔毛弹性可分为：软毫，硬毫，兼毫等。

按用途可分为：写字毛笔、书画毛笔两类。

按形状可分为：圆毫，尖毫等。

按笔锋的长短可分为：长锋，中锋，短锋。

好的毛笔，都具有尖、齐、圆、健四个特点，使用起来运转自如。毛笔绘画线条可兼工带写，且多变有韵味，力透纸背，非常见功夫。用毛笔画速写会让画面据有气势磅礴、淋漓尽致的酣畅之感（图1-9）。

对于初学者来说，如果一开始就用硬毫笔绘画，运笔无需多少技法比较省事。初学时用羊毫笔来练，开始难度会大一些，但学会了使用软毫笔的方法，这时候你再拿起硬毫笔来使用就会感到轻松好使，绘画得心应手、应用自如。

图1-10 水彩笔、油画笔

2.水彩、油画笔等西画用笔

有圆头画笔、平头画笔、尖头画笔等，它们多数用貂毛、兔毛、熊鬃、狼毫和猪鬃制成，笔锋有弹性；还有一种是合成纤维的圆头与方头笔，吸水性弱，但笔触整齐。它们根据大小、品牌，号数繁多。使用这类画笔画速写关键在笔触。颜色和水都要通过这些画笔绘在画纸上，笔触只要运用得恰当，能加强物体的形状和质感表现（图1-10）。

3.擦笔

速写如能适当使用擦笔，会出现特殊的艺术效果。擦笔一般与炭精条配合使用，目的是使之

图1-11 擦笔

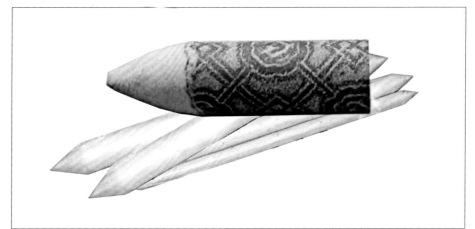

图1-12 压感笔

柔和并擦出灰调子，擦出种种微妙的韵律。通过调子与线的交融，能淡化边缘，表现物体的质感和空间。它还可以渲染背景和大环境等（图1-11）。

使用时，蘸上预先准备好的炭精粉，或者对画面上已有的黑块来进行涂擦。如果没有擦笔，就用小手指、大拇指来代替，同样能擦出不同大小的体面来。

制作擦笔的方法，可用宣纸或者其他比较柔软的纸张，用力加压卷成细的如铅笔、粗的像雪茄烟一样的棒，注意一定要卷紧，然后把它削成尖头状就能用了。使用擦笔能使你的画变得丰富起来。

1.4　数码压感笔

绘图用的数码压力感应笔，简称压感笔。一般配合数位板一起使用。

压感笔不但可以像手写板一样写出字，而且笔头具有压力感应，可以根据你用力的大小，模仿出用不同压力写画出的图像，这样可以模仿毛笔、钢笔、铅笔等画出层次分明的不同种类的绘画作品。（图1-12）

1.5　纸张

　　对于速写用纸的"纸"这个概念是很宽泛的，既可以指画纸，也可指能承载画面的一切材质。

　　画速写的纸张要求不高，一般来说，纸质坚韧、有吸墨性且运笔流畅的都可。常用的纸张有素描纸、绘图纸、复印纸、速写纸等，通常在质地较为光滑的纸张上作画，线条流畅秀丽，而在纹理粗糙的纸张上作画线条则能反应纸的质感。有色卡纸也是速写中使用比较广泛的纸张，使用这种纸张作画降低墨色的明度对比，画面中的形象会呈现柔和的视觉特征。

　　针对毛笔工具，我们也可以使用传统的宣纸、毛边纸、丝绢、锦帛等。

　　针对水彩、油画笔，他们更适合水彩纸、水粉纸、油画纸、油画布、木板、墙面等（图1-13）。

图1-13 速写纸张（纸张有多种，注意钢笔应选择较光滑的纸张）

第2章 速写表现要素

2.1 点、线、面

我们对于速写的形式语言的认识，最熟知的就是"线"了。然而，通俗地讲，"线"是"点"的集合，是"面"的周边。"线"或"点"的密集与排列是可以形成"面"的。因此，在速写实践中，三者一般是不会独自存在或出现的。它们一直是相互交错、渗透及互为因果的一个有机整体，并且，它们永远只是造型的手段或表现方法而已。

1. 点

点从图像学的角度看来，它总是处于引人注目的位置，是视觉的焦点。点具有"集中""紧张""警示"的含义是因为点的"内收"的属性，点的无形的向心力可将视线集中到点上。点的这些含义的强弱程度和它的大小、形状、色彩、位置、材质等因素有关。

从视觉效果上说来：大点比小点强；外形复杂的点比外形简单的点强；凸起的点比平坦的或凹陷的点强；色彩对比强的点比弱的点更吸引视线；占据画面中心部位的点比处于边缘的强烈；材质肌理丰富的发光的点比肌理单纯的不发光的点醒目。另外，当两个或多个以上的点同时呈现时，对比程度高的点将成为视觉的中心，这也是构成视觉主次的因素。

点的速写表现形式，一般是通过有序地排列或组合，形成或线或面的感觉。同时，点可以通过自身大小、疏密、重叠、集群以及各种形状的差异，突显特殊的表现效果。点的排列疏或密，深或浅，会直接影响造型效果的虚淡迷蒙或厚重凸显等等（图2-1）。

2. 线

西方的绘画、雕刻、工艺美术设计等美术作品中多有运用线条的佳作。从毕加索、马蒂斯、伦勃朗等大师的作品中，不难看到对各种复杂线条的运用。现代的平面设计中，更多地运用点、线、面构成具象或抽象的主题，以表达作品所要传译的意义。在中国画中，无论是泼墨写意、工笔重彩还是山水人物也几乎都离不开线条的组织与演绎。我们的速写更是线的表现天堂（图2-2）。

图2-1 以点为表现的效果（学生写生及摹写作品）

图2-2 以线为主的表现（梵高、毕加索、丢勒的线描作品）

线是任何造型艺术的重要的基础表现语言之一。在视觉形态中：线条有长短、粗细、宽窄、动静、方向等空间特性，并直接表现为直线和曲线两大类。直线包括垂直、水平、斜向、曲折等线形；曲线又分为几何曲线和自由曲线。在视觉心理上：直线具有锐利、豪爽、厚重、运动、速度、持续、刺激、明快、整齐、自由舒展等特性，用之造型可给人简洁、明确、有力度、强硬、规范、工业感和速度感等感受。更具体地说，垂直线和水平线具有平静、沉着、牢固、大方的特性，给人以稳定感，在物体形态中通常起到规范、稳定和调和的作用；斜线、折线则给人以不稳定、方向性强的感觉，能引起画面中的动荡，极具动感，常常起到激活物体造型的作用，在使造型充满生命力的同时也易产生紧张的画面气氛。相对而言，曲线则显得柔软、丰满、优雅、间接、迂回、轻快、奔放、热情、跳跃、含蓄，用之造型可产生形体的柔和感、变化性、虚幻性、流动感和丰富性。在速写中往往自由曲线比规则曲线受欢迎是因为它更能体现曲线的属性，表现也极富变化。

线作为形态语言、视觉语言，同会话语言一样有着自己的语法。在速写中线就极具形式感和丰富的表现能力，例如粗线表示坚硬、厚重；细线表示轻而柔软；挺拔的线可表达出光滑的东西；飘逸和流畅的线给人以动态感；粗松和迟缓的线又可表达一种粗糙的物质等等。速写中线的一切变化都不是它本身的"原动"，它的一切变化，应该以服从于刻画对象的需要而存在，速写线的真正魅力，要体现在"法无定法，线无常形"的化境状态。画者可以从实践中去体会、尝试，可以通过线的长短、曲直、粗细、疏密的运用，以及抑扬顿挫的人为控线手法使之达到极致。但在偏写实的速写中对线的理解和运用，已经赋予了其全新的概念，即所有形式的线，都服务于物体的"体"和"质"的塑造。林林总总，归而言之，若能在速写绘画中得心应手地运用线条，便能促使设计师在设计思维进程中有更为广阔的天地。

图2-3 线条的表现

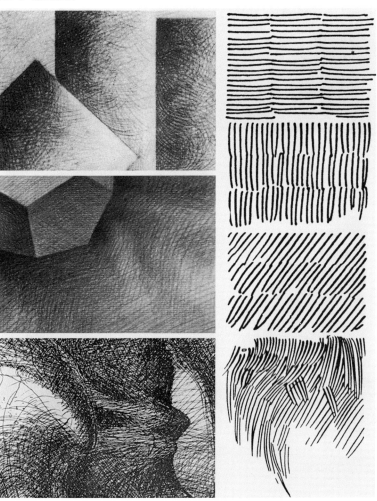

速写中线条的情感与质感的表现

（1）速写线条具有表达情感的功能。粗的线刚毅，细的线软弱，密集的线条厚重远虑，稀疏的线条涣散无律，规整的线条有序整齐，自由的线条奔放热情。就算线条的形态无差别，也可通过线条方向、长短、疏密以及位置和间隔的变化来表达出速写绘画隐含着的情感内涵。

水平线条恒定平和，斜线条张力动感，垂直线条挺拔，自由线条迂回悠长。这些线条按照强劲、圆滑、单纯、复杂、重叠的方式组合在一起就能在更大程度上展现速写的情感语义（图2-3）。

图2-4 质感强的速写表现（丹尼尔·维耶热作品和学生习作）

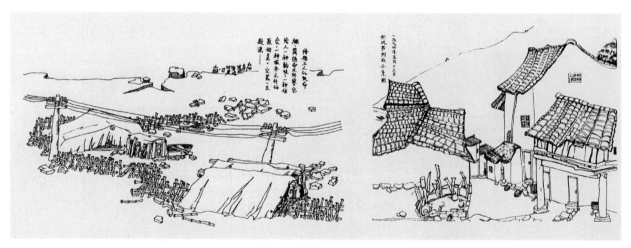

图2-5 空间感强的速写表现（学生写生速写）

（2）速写有时也需要质感的表现。质感表现离不开对对象细部的刻画。空间位置是速写表现质感的要素。速写中质感与距离相关，近距离物象的刻画中可强化对象的关键部位的细节表现，使之产生视觉冲击。距离远的物象，视网膜映像中的细节模糊，对象是越趋向整体的，抽象性加强，例如投影、剪影，而细节和质感就不应再多刻画（图2-4）。

速写中线条的距离与远近感的表现

距离是物质的空间属性。距离的效果由线条的"密度"和"间隙"的强弱而形成。线条排列密集，物体之间的距离感减弱，反之则增强。速写正是利用这一线条特性来表现对象的空间感的。粗线条有临近感，细线条则有退后感；疏线条群显明亮，密线条群趋灰暗；单纯的线条近，复杂的线条远。在速写线条表现中宜根据不同的对象，运用透视关系、配景布局、构图角度、人物车辆的大小、画幅整体的疏密层次等来表现对象的空间属性（图2-5）。

图2-6 面感强的速写表现（约翰.R.弗兰纳甘及其他艺术家作品）

3. 面

面是点的面积扩大或线的移动轨迹所形成的。从广义的素描意义上说，线或点都可以理解成大小不同的面。在造型的形式语言上，面总会和体积、空间感联系在一起。面具有很强的视觉性，形状不同的面给人的视觉感受也不同，普遍来说：带棱角的面，如方形和三角形给人以硬朗、尖锐、有原则、规范、工业感、冷漠、不妥协等印象；不带棱角的面，如圆形、弧形给人圆滑、和气、温暖、柔顺、饱满、成熟、人性化等感受；而不规则的面极具变化性，能让人产生更丰富的视觉感受（图2-6）。

2.2 取景与构图

1. 取景

一幅速写作品能否成功，很大程度上取决于对景物的选取，选择一个适合表达的场景，其中某些元素能有效地激发出绘画者的灵感，使视觉上感到舒适、愉快，提升其绘画欲望。

取景观察

速写写生首先要学会观察，找到对象能够打动你的地方。然后观察要仔细，不要急于坐下来画，要从不同角度和同一角度的不同距离对绘画主体及周边配景的组合关系进行分析、比较。从立意出发，确定用什么构图来表现，是否对场景中的元素有取舍，辨识物体形体穿插中微妙的变化，体会主体物的明暗关系，想好如何运用线条去表现。

取景操作方法

（1）取景框

所有照相机都是通过取景框来确定照片画幅的范围的。当画速写没有相机的取景框辅助时，我们可以简单制作取景框。方法一是拿一张有点硬度的纸，在其中间开挖一长方形的空洞，取景时在眼前按需要移动即可。方法二是双手拼合成窗口状，然后在眼前上下左右移动取景。

（2）勾画草图

勾画草图是绘画者在正式落稿前的取景尝试，也是界于取景与构图之间的绘画步骤。通过对大量小草图的推敲、比选，能增强画者绘画时把握控力，让取景更具美感。建议缺乏经验的初学者在上正稿前多多描绘（图2-7）。

取景注意

取景时要注意，选择所表现的对象在取景画框中要形成主次关系。做法是，可让对象主体或它的某一局部在取景框中占有很重要的位置，或者占据取景框的大部分空间，以便突出主题。处理好取景框中主体与环境配置的层次关系，通常把对焦主体

图2-7 表现巴东特色
建筑时绘制的草图

图2-8 符合黄金分割的速写构图（学生写生作品）

放在取景画面的近景，环境及配景安排在中景或者远景，拉开取景画面远近关系、虚实关系和空间关系。但以上所说并不是一成不变的，在取景时要灵活掌握，不同的选景要有不同的处理手法。

2. 构图原理

构图是指画面的结构、层次关系、画面元素的组成规律等。当我们取好景后准备画时，要意在笔先，应该抛开具体形象的表象特征，把主体及环境看做是点、线、面、疏密、明暗、体块组合关系等的结合体，研究如何组合得更美、取舍得更合理、画面更均衡，使其符合视觉透视规律，提高构图的审美性。

构图的视觉舒适感及形式美感的原则：构图布局具有视觉的舒适感，这是构图的最基本要求。

画面构图时的基本要求：防止画中的物象过分偏大或偏小，偏左或偏右，偏高或偏低。但也要防止物象的过于中心化，形成四平八稳的呆板状态。一般来说，最好把主要物体安排在画面中间偏旁一些，使物体上下左右边沿到画框的距离不要相等。有一边的空间略为开阔些，这样空间会有余地。建议把物象放在画面的"黄金分割点"上。把画面的横竖各分为3等分，连线的4个交点称为"黄金分割点"。"黄金分割点"最容易成为画面的趣味中心（图2-8）。

均衡：在构图美学中，构图的均衡主要指画面形态的均衡对人们视觉和心理上的均衡所产生的影响机制，是构图形式美感的一个重要因素和原则。人们在观赏画面时视觉会来回摆动，最后会不自觉地停留在画面两端中间的某一点上，如果把这点标明出来，使眼睛能够舒适地在此停留，那么就会使人们油然产生一种完美、宁静的瞬时愉快感觉，这就是视觉均衡快感。因此我们进行画面构图时，必须要先有一个考虑，即画面的视觉均衡中心设置在什么位置，并且给以强调，才能保持均衡状态，给观众带来视觉快感。

均衡可分为两大类，一类是对称性均衡，另一类是非对称性均衡。

在对称性均衡的构图中，只要在中轴线区域作一些明显的处理，或减弱两边的形态，突出中间部分，就很容易取得均衡。在现代许多作品中，更多的是应用非对称构图。当画面均衡中心两边的形态不同，但审美价值和视觉均衡相同时，非对称的均衡就出现了。非对称均衡的原理类似于"杠杆"作用，距离均衡中心较远，而物体较小的可以由距离视觉中心较近而较大的物体来均衡，这就是非对称均衡构图之所以能产生视觉稳定感的原因。非对称均衡相对来说，构图形式较为生动活泼，富于变化（图2-9）。

几种构图形式：根据写生经验，构图要能充分体现绘画者的感受与意图，表现出对象特定的气氛，就需要不同的构图形式。它们一般概括为水平线构图、垂直线构图、斜线构图、起伏线构图、放射线构图、A字形构图、S形构图、楔形（锥形）构图、三角构图、圆形构图、均衡式构图等多种基本构图形式（图2-10）。

水平线构图，水平线构图能对人的观感情绪起抑制作用，使画面形成一种平和、安宁、稳定的基调，画面物象有开阔平远的感觉。

垂直线构图，垂直线构图能给人以高耸、上升、希望、宏伟、刚强、单纯、直接、庄重、沉着等感觉。在绘画中常见的是以多条相互平行的垂线组成的构图骨架样式。

斜线构图，倾斜线构图具有不稳定的动势感。对角线构图也是斜线构图的一种，对视觉影响极为强烈，动感十足。

图2-9 均衡与非均衡的速写构图（学生写生速写作品）

图2-10 各种构图形式的速写表现（学生写生速写作品）

起伏线构图，对人们的视觉和心理有着情绪浮动的影响，适宜表现较为复杂的内容和具有高低强弱而又富于节奏变化的视觉形象和情绪。

放射线构图，是以中心点向四面八方延伸出放射线似的构图骨架，它既可使放射点成为画面中心，同时其放射线又有向外扩展视野的功能。

A字形构图，一般多用于表现单体建筑，采用成角透视更容易突出主体。

S形构图，此构图使画面物象有婉转、流畅的感觉。这种构图美感特点在于能使画面形象有首尾呼应的好处，在统一性的排列中又富于变化。

楔形（锥形）构图，楔形是一种一头尖的形状，此种构图的形态运动趋势都集中在了锋利的尖端，有强烈的方向运动感和冲劲。

三角构图，指整幅画面的结构安排基本呈三角形，犹如金字塔形式，给人稳定、庄重的感觉。

圆形构图，具有圆满、完整、向心、流动的视觉效果。

均衡式构图，均衡不是对称，是要画面上下、左右物象的形状、面积、大小等达到视觉心理上的平衡，疏密关系上的合理分布，是一种综合性构图。要有丰富的写生经验才能很好的掌控。

2.3 视角与透视

所有手绘表现的基础是透视。没有正确的透视作支撑，要想在画面上表现出景物的层次关系与空间距离仅凭高水平的绘画技巧是无从谈起。如果透视把握不好，无论表现能力有多高超，所有的描绘都没有意义。因此我们在教授速写技法之前，要对透视进行充分了解，用科学的透视规律真实地反映特定的环境空间并做到熟练运用。

但是，要不要对所有的空间类速写都要像做画法几何习题那样计算每一根线条呢？回答是"否定的"，如果那样的话就太繁琐了。怎样才能让我们的速写画得既准确又简便呢？在写生时既要遵循科学的透视规律，又要求绘者的感觉与经验。为了保证绘画的精准，首先绘画者要对描绘对象进行认真分析，确定所要表现的画面中的重要的基础透视线的准确，保证物体在大的比例关系上没有错误，至于细节大多是用推理与判断的方法来确定。因此在速写写生过程中，绘者要在熟练掌握透视规律的基础上还要凭经验和感觉来进行创作。

在日常生活中透视规律是什么呢？所有的物体给人的空间感觉总是近大远小、近高远低、近宽远窄、近实远虚，这是所有艺术创作遵循的规律。速写写生是很生动的艺术创作，灵活运用透视规律经营画面的空间与层次的透视方法应称为应用透视，而不是画法几何透视。应用透视对透视的要求不完全是准确，而是生动、活泼，要做到活学活用。

1. 基本概念

视点，作画者眼睛所在的地方。

视平线，与作画者眼睛等高的一条水平线。视平线以上物体透视是近高远低，视平线以下是近低远高。

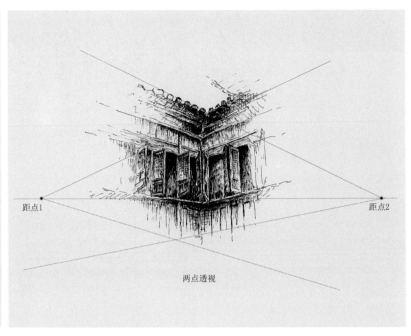

图2-11 一点透视   图2-12 两点透视

地平线，指地面与天空的分隔线。仰视时地平线在视平线下方，俯视时则相反。平视时，视平线与地平线重合。

视角，视点与任意两条视线之间的夹角。视角分水平视角和垂直视角。

一点透视，一点透视也称为平行透视。当画面中的主要物体的一个面的水平线平行于视平线，其他与画面垂直的线都消失在视平线上一个消失点所形成的透视称为一点透视。一点透视比较适合表现纵深感较大的场面，表现场景深远，画面呈现庄重、稳定、严肃的感觉。缺点是构图对称、呆板（图2-11）。

两点透视，两点透视也称为成角透视。当画面中主要物体的垂线方向不变，互成直角的两组水平线倾斜并消失于视平线上两个消失点时称为两点透视。运用两点透视进行速写，容易组织构图，画面效果比较生动、活泼、自由，能够直观反映空间效果，接近人的实际感受。但是构图与透视角度的选择要谨慎，掌握不好容易产生变形（图2-12）。

两点透视的两个消失点必须在视平线上。在画建筑单体时，把两个消失点设置得离画面远一点，是避免建筑透视变形的有效方法。但有时为了画面夸张透视的需要，增强画面的形式感，可把两消失点之间距离设置得小些。

2. 视角选取

平视

平视在构图形式中是常见的，是适应人们日常视觉习惯的。这种构图平易近人，形象比较直接、明确、视平线一般定在画面横向的中间部分，但不宜在画面二分之一处，否则会太过平均和呆板。由近及远的深远空间可以表现得很好。

仰视

这种构图的特点是把画面的视平线压低，就像观者站在较低处，向上仰头观看的透视效果，这样处理可以使画面形象显得高大，展示出广阔的天空，以烘托出主体形象。

图2-13 平视、俯视、仰视的速写表现（学生写生速写作品）

俯视

这种构图特点是把画面视平线升高，就像观者站在高处向下看的透视效果。也有人称为鸟瞰。这种构图可以显示较大的场面空间，适宜表现场面大，人物多的画面。

对于视角的选择以建筑速写为例：同一个建筑选择不同的视平线、视点会产生截然不同的画面效果。对于不同建筑选择对其合适的视平线、视点，能起到比较理想的效果。一般表现传统建筑，比如寺庙、祠堂、教堂等，采用正面视图，略作仰视，能够体现出庄重严谨、结构表现充分的画面效果；表现低层和多层建筑，传统民居、商业店铺等则选用前侧面视点作成角透视，效果较理想；表现高层建筑时，采用低视点仰视，能表现出建筑的高耸、宏伟（图2-13）。

2.4　黑白与彩色

1. 黑白

黑白（明暗）、色彩、色调在速写绘画中有着重要的作用。其特点是极具直观性。由于光和我们视觉器官的作用，在某种程度上说，我们的视觉对客观世界的第一印象就是黑白（明暗）和色彩，色调则是它们的规律性安排。

黑白灰在构图中运用的原则

画面构图的明暗部分主要是黑、白、灰，可以产生很强烈、有力、丰富的变化效果。如中国画论所提到的"墨分五色"，即是说，虽然只是一种墨的黑色，但如果运用得好，分出多种浓淡适宜的对比效果，就可以使人感到有多种色彩的感觉。西方

图2-14 黑白效果强烈的速写表现
（学生写生速写作品）

的素描绘画，明暗阴影、色调运用得好，也可以得到很丰富的色调变化效果。

画面明暗色调的运用，有一个基本原则，那就是在一幅画中，不能全是黑色或全是白色或灰色。这样必然使画面呆滞，缺少对比，应该是在一张画面中同时出现黑、白、灰三种基本色，并且各自按一定比例存在，只要三者比例适当，都能取得鲜明有力的视觉效果。这种情况和音乐中的低音、中音、高音相似，三者是通过一定的比例交替出现，互相对比配合而产生高低、强弱、虚实、节奏等艺术效果。所以一般来说在画面中只要有意识的抓住黑、白、灰三个基本色的层次，就可能出现较好的效果。

与其他画种不太相同的是，速写对黑白的要求：一是黑白对比强烈，二是中间色调不用像其他画种那样丰富。黑白布局是速写的绘画的一大特色，概括的黑白处理会形成强有力的对比，画面黑白两色巧妙的相互制约、穿插对比会形成令人回味无穷的视觉效果。在使用黑白色块时，布局不能太散，否则会显得零碎，削弱了黑白对比应有概括力度。而大面积的涂抹黑色也容易使画面在视觉上陷于单调沉闷，甚至引起低沉悲观的心理反应（图2-14）。

2. 彩色

色彩和色调在画面中占有重要的地位，色彩在很大程度上直接影响着人们视觉艺术欣赏的感觉和心理及生理反应。速写色彩是记录和采集色彩感受的重要途径。

速写色彩的基本原则

①　根据画面的内容确定一个色彩的大基调，也就是说画面以某一种色彩为主，或暖或冷；或明或暗；或是以一种颜色为主等。画面中的色彩千差万别但都受到主色调的约束。速写色彩定基调的目的就是使画面的色彩总的情调形式能强烈的吸引观众的第一感觉印象。

②　在整体色彩的基调前提下，进一步的思考构成画面的几个大色域和色块。如进一步把握天空、大地、树木、人物、房屋等大的色域明暗、冷暖的相互配置与组合（当然还要注意统一在主色调的基础上），以及这些色域中小色块的丰富变化，使整张速写的大色彩基调有内容。

③　环境写生时，强调光影效果是增强画面体量感和画面层次感的有效方法。值得注意的是画面中不要出现不一致的光影效果，要善于运用光影，使画面产生统一感。因此，只有反复观察光影，多探究自然光色关系，理解和掌握光影变化的规律，才能正确恰到好处的表现光影与色彩之间的统一变化（图2-15）。

华炜风是习作
（彩铅）

华炜风是习作
（马克笔）

图2-15　色彩的速写表现

第3章 速写表现技法

3.1 速写表现规律

1. 观察

在面对景物取景和构图中，观察始终是不可忽视的过程，通过观察，不但有助于作者从繁复的事物中筛选出适合于速写表现的部分，也能够清楚地识别场景的布局、形态、高低、材质、色彩和光影等因素的特征，从而对所描绘的建筑风景产生全面、准确和深刻的认识。因此，掌握正确的观察方式，养成积极主动的观察习惯，是取景和构图练习中所必须具备的条件。

建筑写生过程是一个观察的过程：通过观察能识别建筑的形态特征、空间关系、细部结构等，通过观察进行分析、比较，从而正确有力地表现对象。写生时建筑呈现在你眼前的并不十分完美，有时为了使建筑层次更丰富，构图更完美，在画到某些局部时可以有意移动位置，或坐或站，或左移或右偏（图3-1，图3-2）。

在图3-1中，上图场景视觉感太平淡，主体不够突出，下图的主体太孤立，缺少陪衬的物体，也缺少空间感，中图适中（图3-2）。

图3-2　　　　　图3-1

图3-3

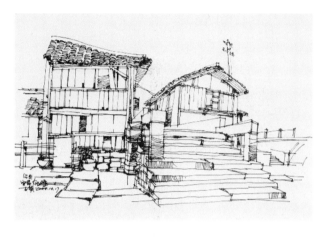

图3-4

　　写生时，想要充分表现对象，必须要进行仔细的观察。通过观察来理解物象间的组织关系，才能选择表现对象特征的最佳视角，有力反映建筑本质，取得良好的画面效果。

　　在图3-3中，左图的角度较为平常，左右建筑的高度及体量感较为平均，右图的观察角度重心稍嫌偏移，因此构图难以平衡。中图的视角以桥为"近"景，建筑为"远"景，景深感较强（图3-4）。

　　在对建筑写生时，整体观察的方法是造型艺术必须遵循的基本规律。先要整体观察，然后观察建筑各个细部的造型特征，再把各个细部联系在一起观察，形成一个有机的整体，从而在表现对象时，能更好地把握画面整体感（图3-5，图3-6）。

图3-5

图3-6

图3-7

图3-8

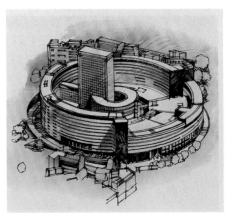
图3-9

图3-10

　　在不同的视点观察建筑，其视觉感受也各有不同，"横看成岭侧成峰，远近高低各不同"。平视给人以熟悉、亲切、平易近人、现实的感觉；仰视给人以巨大、崇高、威严的感受，俯视则适合表现宏大的场面，通常在建筑鸟瞰图中表现建筑与周边环境的整体关系（图3-7～图3-10）。

　　能否选择良好的视点，将决定作者能否表现出所绘建筑及景观的最本质的特征，同时也将决定所画建筑形象及空间是否更易于为人们所感受并理解。因此我们可以通过多方位、多视点、多角度不同效果的相互比较来确定最佳的视点及视角。

2. 取舍

　　现实中，我们所面对的建筑与环境并非永远是理想化的。有时所描绘的主体对象的造型，角度可以让我们感到满意，但其周边环境中的内容可能会过多过杂，若一并入图，画面构图会显得繁杂凌乱，有些部分还可能影响画面的整体感和美观感，甚至于破坏画面的协调感，有时周边环境中的内容又会显得太少太空，在描绘完主景部分后，画面缺少整体环境感和场景气氛感，以致画面显得单薄空洞、贫乏苍白，破坏

图3-11

图3-12

图3-13

图3-14

图3-15

构图的均衡感。图3-11～图3-13通过取舍调整后，画面整体感更强。

　　实景速写时要求作画者对画面内容、布局结构等进行主观的概括和提炼，而不是一味地讲究真实地反映客观存在，全盘地收纳眼前之所见，通过"取"的方式，将原本场景中缺少的部分内容从外部借取过来。在画面中进行适当的安排，使其能够有利于画面的构图表现，添加的内容也可根据作画者的主观意图进行创作，但必须注意其存在的合理性及与画面主题的关联性。通过"舍"的方式，将破坏画面效果的对象和无碍大局的内容大胆地加以舍弃，以此突出主题，并使构图的结构安排更为合理，保持画面的美观性（图3-14，图3-15）。

3. 对比

　　画面处理离不开对比的手法，有对比才有主观和前后空间关系，速写中画面处理的对比手法可以是主次的虚实对比，明暗的黑白对比、形状的大小对比、线条的疏密对比等的任何一种或几种。

　　虚实对比　虚实对比的处理手法，往往是近景或主要物体需要刻画详细、远处或次要景物要概括、简练，画面的主次更加分明，形成较好的空间层次。空间层次关系的表达，有时需要采用虚实对比的方法（图3-16，图3-17）。

　　"实"可通过密集的线条来表达具象的物质，而"虚"则是通过疏松的线条来传达抽象形态。写生时采用虚实对比的手法，可以分清主次和远近的关系，使画面产生空间景深感。远处的景物只需要表现其大概的形态和简单的色调，尽量运用简单的

图3-16

图3-17

图3-18

图3-19

线条及其组合形式。对于近景则力求详细地刻画，并运用复杂多样的线条及其组合形式去表现，使画面形成远简近繁或远虚近实的对比效果，丰富画面的空间层次（图3-18，图3-19）。

　　黑白对比　黑白对比的处理手法，在画面中往往以黑、白、灰三度关系表现景物的三个层次，三者之间的对比和穿插运用得当，可以表现景物远近的空间距离。使画面产生透视的纵深感。明暗是表达景物空间关系最有效的方法，要注意形体转折或明暗交界线的刻画（图3-20）。

　　此外黑白对比易产生强烈的空间视觉效果和丰富的节奏感，画面中较清晰的物体，往往是画面的重点所在，通过黑白对比的手法将其显现出来。对比愈强烈，物质愈清晰，远景或次要部分的对比则需要相对削弱，使其逐渐隐退（图3-21）。

图3-20

图3-21

图3-22

图3-23

图3-24

　　在景物的明暗构图中，常以加强和减弱明暗对比的手法来构成画面的趣味中心，线条不具有光影与明暗的表现力，只能通过线条的粗细变化与疏密排列，才能获得各种不同灰度的色块，表达出形体的体积感与光影效果（图3-22）。

　　面积对比　面积对比的处理手法，往往是主体形象在画面中所占的面积较大，起到主导作用。而次要部分所占的面积较小，只能起陪衬和呼应的作用（图3-23，图3-24）。

　　要想将景物描绘成具有空间主体感，可通过以下几种处理手法：采取置物大小分布，前后位置重叠来区分空间远近关系；运用对比强弱来表达前后空间关系；借助透视原理来展示空间关系（图3-25，图3-26）。

图3-25

图3-26

图3-27

图3-28

　　疏密对比　疏密对比的处理手法主要指在组织画面线条中应做到"疏"衬
"密"，"密"衬"疏"，大面积的"密"中渗透着"疏"，大块面的"疏"中穿插
着"密"，使景物层次分明，形象突出（图3-27，图3-28）。

　　线条合理的经营，才能使画面"疏者不厌其疏，密者不厌其密，疏而不觉其
简，密而空灵透气，开合自然，虚实相生。"

4. 调整

　　整体调整是指写生快完成时，需要对整体画面进行全面的观察、适当的调整与
处理，以求各个局部之间的关系能够更加协调，构图更加完整，画面更加统一。

　　调整时首先要考虑构图的需要，为了确保构图的平衡，对比以及整体性要求，
看主要部分是否明朗，次要部分是否画得太突出或太含糊，相互之间关系是否达到主
题明确，相互关系协调一致。其次是强化对比，通过对比可使画面的主题及空间关系

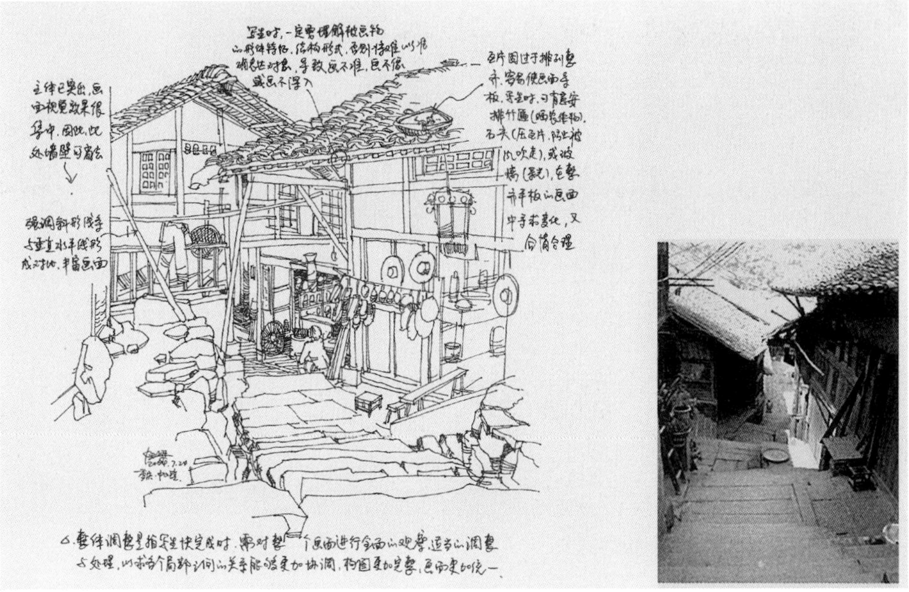

图3-29

图3-30

鲜明起来，主次关系使人一目了然。再者通过调整，还可丰富画面，可在平淡的地方添加内容，并做到背景内容和主体内容应统一而富有变化，调整后的构图更加完美，黑白布局更加合理，内容更加丰富，画面更加完整，直至感到满意为止。（图3-29，图3-30）

3.2 速写表现形式和技法

1. 以线为主的表现手法

运用线条归纳物象的形态，结构特征及其神韵特点的造型方法。线条是最简洁、最精炼、最迅速、最明确的造型手段，是速写表达的重要表现语言。

图3-31

图3-32

速写中线条的运用有以下几个特点：

线条的流畅性

流畅的线条就像音符，在用笔力度上微妙地把握，可绘制出抑扬顿挫的线条。线条的流畅性使作画者在观察对象时更注重整体，更容易放松心情、发挥自由，从而使得作画者的绘画灵感得以提升。对刚刚学习速写的学生来说，首先要有整体意识，认真学习、理解比例、结构等知识，在此基础上可以从局部推着画，但必须心中有"整体"，"局部服从整体"的意识，画出的线条要流畅，一气呵成，不要拖泥带水。另外一点就是画速写的时候，一开始最好不用橡皮反复修改，可利用铅笔等辅助打稿。有时候，画错的线条反而可以作为参照物，指引你往正确的方向进行，画完后稍作修改就可以了，因为它已经融入画面的整体当中了。在速写线条的运用中不宜过碎和出现断线，对线条的把握，初学者可以在临摹中加以练习（图3-31，图3-32）。

图3-33

图3-34

线条的节奏性

节奏就是变化，线条的变化反映了用笔的轻重、快慢、粗细等。线条可以概括和提炼客观对象的体和面，反映客体的光和影，以及物体的质地和分量。在这里不得不提到传统的中国写意人物画，它的线条用笔的气韵生动，变化丰富，极具美感。中国书法用笔的方法在线条的运用上更加丰富多样，起笔、提笔、顿笔、收笔都十分讲究线条运行的节奏感，对于初学者在刚开始画速写的时候，线条运用比较生硬，没有变化和节奏，画出的线条往往一样粗细，缺乏活力。要解决这个问题，关键是加强线条基本功的训练（图3-33，图3-34）。

线条的穿插性

线条的穿插体现了物体构造的前后关系，远近关系，虚实关系和结构关系。做好这一点就必须有良好的比较意识及结构和透视意识。平时多注意观察、多比较、多看多练，这样才会有进步。线条是速写的最主要的表现手段，以线条为主的速写发展迅速，而且风格各异，样式纷杂。由于工具不同，线条也各具特色：铅笔、炭笔的线条有虚实深浅的变化；毛笔的线条有粗细浓淡的变化；有的作者画的线条注重素描关系，以粗的、实的、重的、硬的线条表现物象的前面及突出的地方，以细的、虚的、轻的、软的线条强调后退、减弱的做法；有的作者则只是用粗细、轻重均同的线条，不考虑细微的空间关系，用线的透视位置来决定形体的前后。钢笔最单纯，一般没有虚实、粗细、深浅、浓淡的变化，但由于作者追求不同，有的线条刚健，有的线条拙笨，有的线条流畅（图3-35～图3-37）。

归纳一下以线为主的速写表现主要注意以下几点：

①用线要求连贯、工整；忌断、忌碎。

②用线要求肯定、朴实；忌飘、忌滑。

③用线要求活泼、生动；忌僵硬。

④用线要求有变化，刚柔相济，虚实相间。

⑤用线要求有节奏，抑扬顿挫，起伏跌宕。

图3-35

图3-36

图3-37

图3-38

图3-39

通过线条的疏密排列相互补充，可表现建筑空间层次、画面的主次和形体之间的关系，画面的主体和趣味中心间密集的线条来表现，结构形体比较单纯的部分用疏散的线条表现，从而形成画面的疏密关系，中国传统的美学观点概括为八个字"疏可走马，密不透风"。这也是速写线条表达的秘诀。

2. 以明暗调子为主的速写表达方法

由于光的因素，我们看到同一物体，同一色彩会呈现出不同的深浅与明暗变化。在平面的纸上塑造三维的具有深度空间关系的形体造型，应是运用了这种明暗阴影元素。建筑风景速写运用明暗调子的对比表现建筑与环境所呈现的光影变化，可使建筑环境结构、造型、体积、空间表现得更加厚实凝重，光感效果丰富而精彩，有如山中白云，能使山变得光怪陆离而神秘莫测。

以明暗色调作为速写表达，其目的是强化建筑的形体块局意识，培养人们对空间层次虚实关系及光影的表现能力，以此强化画面黑白构成的组合经验，在写生中不强调表现形体结构的"线"，更注重的是表现形体空间的"面"，画面的光影变化自然，明暗过渡细腻，所表达的景物富有层次感和空间感（图3-38，图3-39）。

通过线条排列、重叠的方法去表现画面的色度与明暗关系，这种笔触的合理组织、能够表现物体的光影、体积和空间层次，使画面获得视觉上完整的素描关系（图3-40，图3-41）。

乱线在速写中运用较为广泛，涂鸦式的线条虽看似捉摸不定，给人一种轻松自由、蓬松柔软的感受，但仍然隐含着对明暗和形体结构的交代，它有着自己的运动节奏和统一性，画面生动有趣（图3-42）。

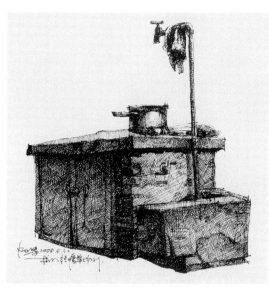

图3-40

图3-41

图3-42

图3-43

　　借用景物光与影的关系，运用速写宽锋技法，充分表现景物斑驳奇特的肌理，通过作者运用笔触的快意，表现景物特有的气氛、使画面产生强烈的视觉冲击力（图3-43）。

3. 线面结合的速写表现方法

　　线面结合是建筑速写最为常用的艺术语言。线面结合既有准确、肯定的线的表现特征，又有加入色调关系使之厚实凝重的明暗技巧特征。

　　单独使用线条或明暗调子表现场景有一定的局限性，如单纯用线条则无法充分表现建筑空间的层次感和质感；而单纯用明暗块面来表现，有时无法表现建筑物的细节。如果线面结合，作者借助清晰果敢的单线明确建筑形体结构比例、细部装饰，又通过光影塑造建筑形体的体块和空间，详实细腻，使得画面整体繁简适宜，舒张有度，突出画面的中心内容，具有一定的艺术趣味（图3-44，图3-45）。

图3-44

图3-45

图3-46

图3-47

图3-49

图3-48

在景物速写的线面结合中，常以加强和减弱明暗对比的手法来构成画面的趣味中心。线条本不具有光影与明暗的表现力，只有通过线条的粗细变化与疏密排列，才能获得不同的灰度的色块，表达出形体的体积感与光影效果（图3-46）。

4. 装饰性速写表现方法

装饰性速写是对具体事物进行装饰、美化和加工。它决定了建筑速写的整体风格。形式特征和艺术语言的装饰意味，是对建筑风景进行概括、取舍、归纳、组合、重构的再创造。主观性更加强烈。表现手法有夸张、变形、抽象、简化和添加，装饰性速写表现方法可以开发学生的主观创造性思维（图3-47~图3-49）。

图3-50   图3-51

图3-52   图3-53

5. 从再现到表现

　　在建筑风景速写中，把对象画准、客观地再现对象特征及关系是完成一张作品的必要条件。但是作为一张优秀的建筑风景速写作品，仅限于此是远远不够的。在作品中还应体现作者的个性特征和艺术追求，在速写过程中注入作者的主观意识，可以灵活使用各种表现技法和处理手段来增强画面艺术效果。以表现为主的速写可以运用多种技法，充分强调个性语言的发挥，反对模仿客观现实，重视表达个人情感和内心世界。所表现的是一种自由绘画形式，所反映的是事物的本质特征，它能够使原本平常的场景变得绘声绘色，充满生命力和视觉张力。（图3-50～图3-53）。

6. 淡彩与其他形式的速写表现方法

所谓淡彩画法是先用钢笔或铅笔单色画出对象轮廓，根据需要画出明暗，然后施上薄而透明的水彩：也可以用马克笔和彩色铅笔着色（图3-54～图3-56）。

图3-54

图3-55

图3-56

3.3　建筑速写中配景的表现及其他技法表现

建筑速写中环境配景的表现是不可缺少的组成部分，尽管它不是画面的主体，但是在建筑风景中如果巧妙地处理好这些配景素材的位置，明暗、疏密等关系，就可以起到烘托环境气氛，表现空间尺度，平衡画面构图，强化视觉中心，增强建筑物的体量以及方向感和动感等诸多作用。建筑景观绘画中的表现元素主要有植物、山水、建筑小品、人物、车辆等。每一种构成元素由于特性不同，在作品中表现也不一样，所以对其进行单项表现训练，有助于理解各项元素，以便在画面中合理安排，综合表现。

1.　植物表现

植物的形态、种类极多，在速写表现时要有选择地归纳，区别不同类型、不同形态，这里大体可分为"树""丛""草"三种形态概念。

树是植物表现的重点和难点，其表现方法主要有两种：轮廓法和影调法。轮廓法主要运用单线将树干、枝、叶以及整体形态勾画出来（图3-57）。

而影调法比较注重光影变化能够较好地塑造树的体积和形态。两种表现方法各有特色，轮廓法真实而生动，影调法则饱满真实。同时，两种方法可以相互结合，交叉使用（图3-58）。

树的种类繁多，画树之前应对所表现的树种进行全面的了解，观察枝干走向，树叶形态以及季节颜色变化，自然界中的树木可分成根、干、枝、梢和叶五部分，其中树的外轮廓最能体现树的特征（图3-59）。

从树的形态看，有圆形、伞形和三角形等，我们可以通过几何分析法来观察和表现（图3-60）。

图3-57

图3-58

图3-59

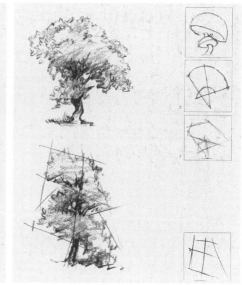

图3-60

图3-61

图3-62

图3-63

　　建筑风景速写中树可分为近景、中景和远景，每个层次的树在表达上都要有所不同。在画中景、远景的树时、一般从整体出发，将树群视为一个整体，然后根据树形将柱形、球形、伞形以各自的穿插关系同光影法表现出来，或者缩略成一片树的剪影。而近景的树就要表现得较为细致，形体结构和明暗变化十分强烈，需将干、枝、叶表现出来（图3-61～图3-63）。

2. 动态人物

　　在建筑风景速写中，人物是重要的配景之一，生动的人物姿态最能活跃画面气氛，除了让画面生动活泼之外 ，还可以体现空间进深，在这里人是物，形态是衡量空间的尺度标准（图3-64，图3-65）。

　　风景速写中虽然画面的人物配景是处于次要地位，但与主体建筑组成画面，对深化主体建筑内涵，表述主体建筑的特征，活泼画面气氛，反映地域风情等都起着点睛作用（图3-66，图3-67）。

图3-64

图3-65

图3-66

图3-67

　　配景人物表现的原则应注意：
　　① 近、中、远人物应本着近大远小的透视规律。
　　② 人物布局可利用补缺、遮挡、平衡的构图法则。
　　③ 人物表现应生动、自然与画面表现气氛吻合。
　　④ 色彩的运用应与整体画面色调呼应，起到点缀作用。
　　⑤ 画面人物的活动逻辑应注意顺应主题形态构造。
　　⑥ 考虑视平线的位置，注意人物的比例变化。

3. 交通工具

交通工具、车辆安排得当，能够平衡构图，给画面带来动感。交通工具和车辆同样起着装饰、烘托主体建筑物的作用。在它们的映托下，使较为理性的建筑物避免了枯燥乏味的机械之感，而显得生机蓬勃，丰富多彩。如果没有这些配景，画出的建筑可能和真实的现场有很大的距离，而更似建筑模型。交通工具在表现手法上要求相对比较高，线条鲜明快且准确。所以我们在表现交通工具时，首先对其结构和透视要了解，作画时对形态的把握应做到胸有成竹，尽量运用简洁、明快的线条来表现（图3-68～图3-70）。

图3-68

图3-69

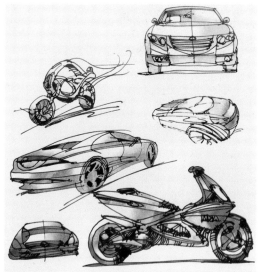

图3-70

4. 速写中建筑局部表现及速记

外出写生，面对纷繁复杂的景物，不仅作简洁，粗略的速写表达，从建筑学、艺术设计专业的专业特殊性讲，更应做深入细致的观察和记录。面对特别精彩的局部，有必要作局部特写。

每栋建筑都有自己的典型特色，有着自己独特的地域风貌和历史语言。而这种风貌和语言往往体现在建筑物最精彩的局部上面，比如徽派建筑中手工精湛的木雕、石雕、砖雕和高大绮丽的马头墙，都体现了一个时代的经济、文化、艺术和本土特点。在建筑速写中表现这些精彩的局部不仅是为了体现建筑的文化气息，更重要的是表现其建筑结构的特点。因此我们在作画之前要认真地分析对象，作出适度的概括。所谓的概括方法，就是通过分析去粗取精，去伪存真，保留那些最重要、最突出和最有表现力的东西并加以强调。要用精练、肯定的线条画出轮廓，再将结构关系丰富化，尽量使画面充满生气、活力与情趣（图3-71，图3-72）。

建筑速记是建筑速写的一种表现形式，是应用速写与文字形式快速记录建筑的结构、材质、色彩、局部特点等因素，为以后的设计构思提供宝贵的设计素材。建筑速记教学的目的不但要学好、画好建筑速写，更要为设计服务，所以建筑速写是教学的延伸（图3-73，图3-74）。

图3-71

图3-72

图3-73

图3-74

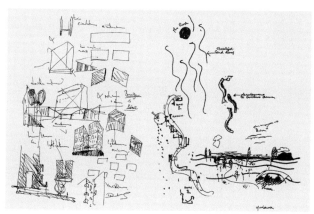

图3-75

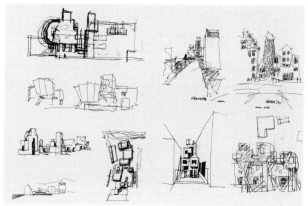

图3-76

5. 草图速写表现

设计草图是设计师观察、思维、表达的一系列过程的体现，是一种视觉化的绘画表现形式。它是不可忽略的重要过程。

草图的含义相当广泛，画家的创作构思草稿是草图；文学家的手稿，音乐家的乐谱手稿，科学家的创意流程手稿，数学家在例证推算过程留下的非成熟草稿似乎都是草图。一切在创作初始阶段进行的构思手稿都能称之为草图。草图速写在建筑环境艺术设计创思过程中更有其独特的妙用，草图手稿经常启发创思冲动，在朦胧中能给我们带来新的创意（图3-75~图3-77）。

草图速写是逻辑思维表达的有效途径，是设计信息传递的图形演绎过程。设计程序相对于结果是必要的，合理的程序决定了结果的恰当。设计的目的是结合"问题"加以巧妙地解决，在落实到成图表现之前，初始的过程草图就显得尤为重要。它的过程可以解释为创作表现、概念速写，徒手表达等，也即是信息传递及思考的全过程（图3-78）。

草图创作速写的表现又可分为概念速写和效果表现速写，两方面联系密切。手

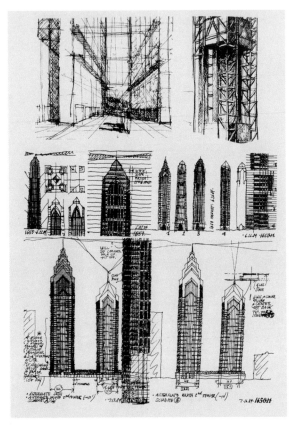

图3-77

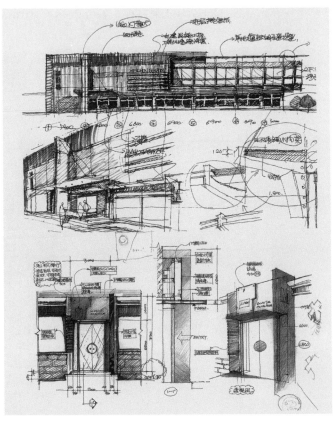

图3-78

绘草图速写进入初始手段，可称为随意草图阶段或概念方案。这时，我们可以把与创意无关的内容从草图上一一抹掉，真正还手绘草图一个本质的概念。这里已完全不是绘画所能解释的，它已转化为落实创意的每一项具体工作。所谓随意草图，重在随意。它表达的是设计师瞬间的设计灵感和对设计项目的先期的判断，体现了设计者对意向构思、思维逻辑过程、设计观念、体量对比、成图对应的多重思考。效果草图是表现性草图，表现的是绘制的效果，更注重的是画面效果而不是设计效果，这是设计师作草图的表现阶段（图3-79）。

徒手草图速写实际上是一种图示思维的信息陈述方式。草图创作的过程正是一个解决问题和协调矛盾的过程，利用徒手草图的训练——图示思维的表达方式，将有效地提高和开拓创造思维能力。实践证明，古今中外许多优秀设计师均精于此道（图3-80）。

图示思维方式的根本点，是形象化的思考和分析，设计者把头脑中的思维活动延伸到二维图像上，通过图形使之外向化、具体化。视觉思维性的功能帮助人们通过图示进行思考和创造，在发现、分析和解决问题的同时，头脑里的思维通过手的勾勒，使图形跃然纸上，而所勾勒的形象通过眼睛的观察又被反馈到大脑，刺激大脑作进一步的思考、判断和综合，如此循环往复，最初的设计构思也随之越发深入、完善（图3-81，图3-82）。

徒手草图速写这种形象化的思考方式，是对视觉思维能力、想象能力、绘画表达能力三者的综合，在这个过程中，不在乎画面效果，只在乎观察、发现和思索，强调脑、眼、手、图形的互动。徒手草图速写的训练，无疑是形象化思考、设计分析和方案评价能力的体现以及开拓创新思维能力有效方法和途径。

图3-79

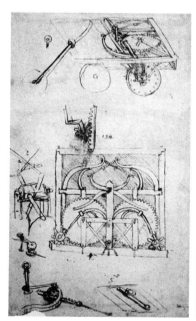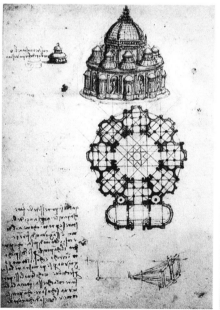

图3-80

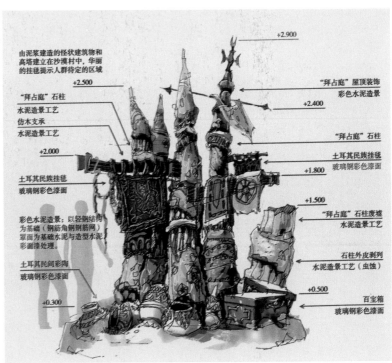

图3-81   图3-82

草图具有不可替代的作用，它是设计师表达方案构思的一种直观而生动的方式，也是方案的构思到实现的一个重要过程。草图速写之所以成为设计师必备的专业技能，它不仅能准确表达设计构思，不受工具限制、不受形式与方法的束缚，还能反映设计师的艺术修养、创造个性和能力。

6. 图像转换

随着现代科学技术的飞速发展，摄影和影像的技术越来越得到普遍的运用，现代社会图像已发展成独立的当代艺术形式。图像的大量运用为我们设计师提供了更便捷、更丰富多样的信息和资源，因此借鉴图像资料，运用速写语言去表达形象，这在我们基础训练中是必要的加强练习的方法。

面对丰富多彩的图片资料，作出最佳的选择是获得作品成功的前提。作为选择，可以是自己亲临现场进行有目的有重点的拍摄作品，以获取生动的第一手资料，引起自己对景物的创作热情。还可以借鉴他人的现成图像作品，选择富有典型形象特征和深刻艺术内涵的优秀图像作品，作速写表达。

作为图像有它自身的优点，但它是场景的记录，不是真正意义上的艺术作品。我们有必要用绘画的艺术语言对其进行提炼、概括，作必要的艺术夸张和表现（图3-83）。

画之所以通常比实景照片好看是因为经过一番有意识的形式处理。图3-84中速写的构图就比照片上的情景丰满、充实。照片上的景物显得呆滞且单调乏味，作者通过有意识地重点提高主体建筑物的轮廓外形层次，加强刻画店面的生动细节，使得画面层次有序，丰满动人。

图3-83

图3-84

图3-85

　　建筑速写不可能像图像一览无遗地机械性地显现全部细节，描绘中要抓建筑的特征，采取恰当的形式，有选择地强调重点，然后根据特征，在造型、色彩、结构和明暗关系上适当夸张处理，在表现过程中有意识地运用多样的绘画语言进行艺术性表达（图3-85，图3-86）。

　　因为实景图片作为参考资料的来源，在图片中看不到笔触的排列方式，看不到画面的繁简处理，这就需要我们在临摹时学会分析、处理图片的信息关系，学会取舍，通过扬长避短增强画面的空间层次，突出所要表现的对象，用速写艺术的语言进行再创造。

图3-86

第4章 作品赏析

吴冠中《林》素描钢笔碳素墨水

◎ 吴冠中 《林》素描钢笔碳素墨水

吴冠中先生是当代著名画家、美术教育家。吴冠中先生与建筑界是有缘分的，抗战时期1943年吴冠中到沙坪坝重庆大学建筑系任助教，教素描和水彩，后留学法国。20世纪50年代归国，一度清华大学建筑系聘他去教课。正是在教授建筑系学生钢笔画速写与水彩写生这些专业基础课的过程中，吴先生在此领域下了很大工夫，他被认为是出色的水彩画家，也正是由此在画风景上做了更多的探索。

建筑师必须掌握画树能力，吴冠中便在画树上钻研，他认为树的各式形态"可以让写实画家无穷无尽地探索，可以予抽象绘画以不尽的启发"。吴先生认为建筑设计中离不开形式的推敲，教学中同学生们谈点、线、面构成，谈节奏呼应。实际已跨入抽象审美领域。

◎ 董希文《在千佛洞的速写》

董希文先生是画《开国大典》的作者，新中国成立以来著名油画家。他的素描教学的主张是，素描主要研究科学的造型法则。此幅速写是从敦煌石窟壁画的传统造型艺术中，通过采集素材吸取营养。

◎ 吴长江 《泽库朵娃》炭笔

吴长江先生是中央美术学院版画系教授，他始终致力于青藏高原的写生与素描，他曾几十次深入藏区，创作出一系列栩栩如生的藏族人民的艺术形象，昭示着他在这一特定领域内尽善尽美的艺术追求。

董希文《在千佛洞的速写》

吴长江《泽库朵娃》炭笔

陈丹青《拉萨深巷》

李可染《惠州西湖边的民房》

◎ **陈丹青 《拉萨深巷》**

这是陈丹青先生画于1980年"西藏组画－素描稿"之一，这些都是作者直接来自拉萨街头的速写。正是凭借这些速写稿成功加工创作出了油画《西藏组画》。谈到这批画稿时，陈丹青先生感慨说："现在我大概画不出这样的素描了，它们比油画正稿更生动，更自然。我终于明白，趁着年青时代的热情和敏感，还有部分的无知，是绘画的最佳状态"。

◎ **李可染 《惠州西湖边的民房》**

李可染，中国现代著名中国画艺术家。他将西画中的明暗处理方法引入中国画，将西画技法和谐地融汇在深厚的传统笔墨和造型意象之中，取得了杰出的成就。

此幅民居为题材的写生画稿中，我们可见中国传统散点透视的表现方法的运用，但严谨的人物与建筑形态的塑造可见西画造型功力，给作品注入了新鲜的生命感受和现代特色，是对传统山水画的突破，并由此而逐渐形成了自己的独特风貌。

门采尔《桁架式的农舍》

◎ 门采尔 《桁架式的农舍》

　　阿尔道夫·门采尔是世界著名的素描大师，一生共创作了一万五千多幅速写，七千多张素描。门采尔写生大多是用木炭条画的，并用固定液固定保存。用木炭条绘画的好处是能快速涂抹形体明暗，并可画出浓淡粗细变化极具表现力的线条。从此幅造型精准的素描速写中，可以看出画家对艺术的勤奋态度和生动熟练的绘画表现技巧。

毕加索作品

凡·高作品

◎ **毕加索作品**

毕加索，是当代西方最有创造性和影响最深远的艺术家。他的才能在于，在各种变异风格中，都保持自己粗犷刚劲的个性，而且在各种手法的使用中，都能达到内部的统一与和谐。

◎ **凡·高作品**

凡·高，他是后印象派的三大巨匠之一。凡高的画色彩浓烈、线条粗犷，以表现作者本人的性格的极端与执著。他的晚期素描大部分是风景，总是满幅点划，常见用细点来表现灰调部分，使用那些粗细浓淡长短不一，弯曲点画极富动感的线条，将画面表达出画家本人对于自然的爱。

古卡索夫作品

◎ **古卡索夫作品**

古卡索夫，现代俄罗斯画家，俄罗斯油画界学院体系下的现实主义风格的新生代。作者素描结构严谨，线条排列有序，极富节奏韵律美感，作品传承俄罗斯风格的大气奔放。

◎ **齐康《捷克圣·维塔教堂》《意大利某广场》**

齐康，建筑学家、建筑教育家，中国科学院院士、法国建筑科学院外籍院士。齐康先生除在专业设计上成绩斐然，对于绘画尤其速写情有独钟。我曾拜访过齐康先生，看过工作室桌子上一叠叠精美的速写，让我虽是绘画专业出身却感到汗颜而自惭形秽。

齐康先生说："我经常利用出差（国内和国外）的机会写生。大自然是我绘画的对象，大自然的美常使我感动。我认为建筑要适配于自然，要和谐，要进入画境，要有一种惊奇之感。画是我最最亲密的朋友。"

齐康《捷克圣·维塔教堂》

齐康《意大利某广场》

钟训正《建筑画——环境表现与技法》建筑画实例选

◎ 钟训正《建筑画——环境表现与技法》
建筑画实例选

钟训正 中国工程院院士、中国建筑学会理事，他的著作《建筑画——环境表现与技法》一书，一直是许多学生学习建筑表现的摹本。这里截选该书一幅作品，从中可见钟先生扎实的手绘功底，像许多老辈建筑大师们一样，钟先生在建筑设计的不懈追求中，始终利用空余时间坚持画画收集建筑方面素材，不断的积累也形成其细腻舒展的画风。

◎ 史蒂文 Steven《住宅，希腊，桑托林岛》

这是一幅建筑师用钢笔绘于纸上记录性的旅行速写，通过流畅的线条描绘建筑的形态，同时补充绘制一张平面图并结合一系列相关的细部，可以领会到建筑内部空间结构的精华。

史蒂文 Steven《住宅，希腊，桑托林岛》

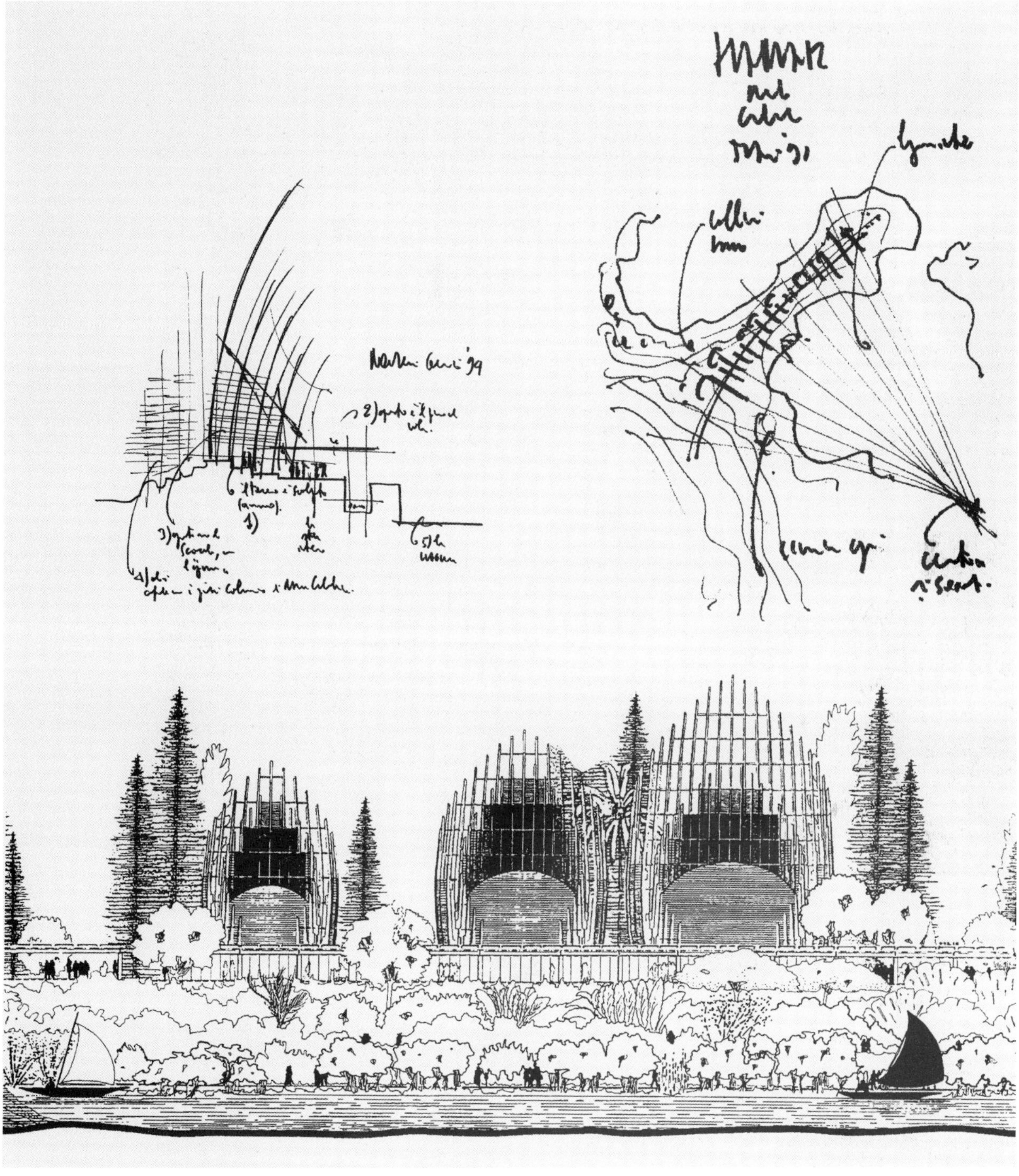

伦佐·皮亚诺 《特吉巴欧文化中心概念草图》

◎ 伦佐·皮亚诺 《特吉巴欧文化中心概念草图》

皮亚诺是意大利当代著名建筑师。1998年第二十届普利兹克奖得主。说起他的作品之一"蓬皮杜艺术中心"可能无人不晓。皮亚诺注重建筑艺术、技术以及建筑周围环境的结合。他的建筑思想严谨而抒情，在对传统的继承和改造方面，大胆创新勇于突破，从这手绘的概念设计草图中可以领悟大师创作的思维历程。

托马斯·拉尔森《格兰德堡住宅》

保罗·安德鲁《苏加洛机场草图》

◎ 托马斯·拉尔森 《格兰德堡住宅》

一个设计任务必须给予设计者创作的自由感和灵活性，有些建筑师能够在最初的构思速写中就符合这类要求。

◎ 保罗·安德鲁 《苏加洛机场草图》

保罗·安德鲁，法国建筑师，当代最著名的建筑大师之一，中国国家大剧院设计者。他的手绘草图，可以说在成为一个创意示意图的同时，也是一件极具欣赏价值的建筑表现图。在他的创意设计中，简单的几何形状与复杂的形状是同时存在的，不同的因素被组合成一个统一的整体，从中反映出大师思维创意与艺术表现并存的特质。

◎ 妹岛和世、西泽立卫 建筑事务所《Stads剧院草图》

建筑师组合妹岛和世与西泽立卫荣获2010年普利兹克建筑奖。引用普利兹克建筑奖评委会的话：妹岛和世与西泽立卫的建筑拒绝过度的、夸张的修饰。他们自觉地约束建筑手法的滥用，通过寻求建筑物的必要品质，使建筑作品显得简约而坦诚。

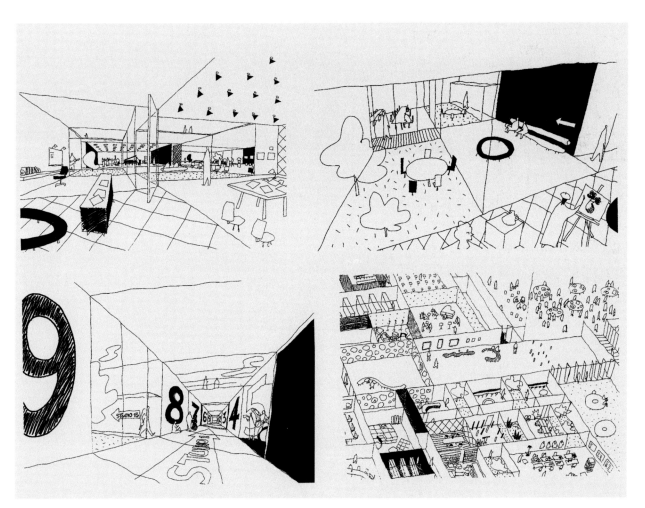

妹岛和世、西泽立卫 建筑事务所《Stads剧院草图》

EDSA建筑事务所《风景区景观透视图》

R·麦加里《室内设计构想方案》签字笔绘于牛皮纸上

◎ **EDSA建筑事务所《风景区景观透视图》**

　　EDSA建筑事务所是国际型设计事务所，从手绘的设计表现反映出设计构思，利用单一粗细的线条，通过疏密组合的画面，展现出设计者充满活力的创造性能力。

◎ **R·麦加里 《室内设计构想方案》签字笔绘于牛皮纸上**

　　这是一张利用线条的疏密排列、层次叠加交替的手法来创造空间感的设计草图，作者尽可能设置许多相互遮挡的物体，从极近前景到背景，逐层依次退后，创造令人悦目的纵深感。

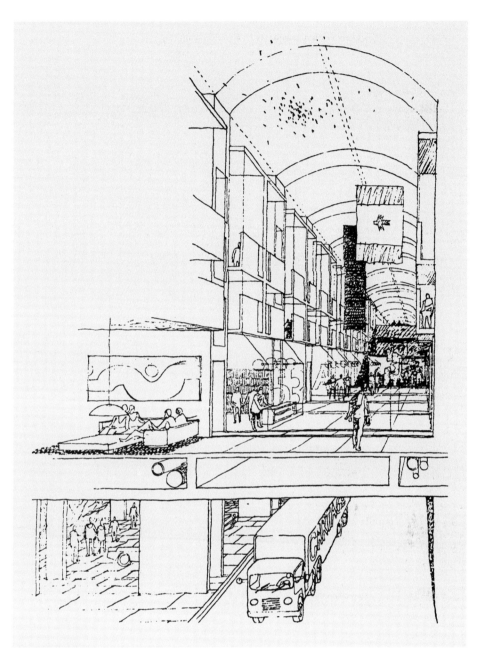

A·J·戴蒙德作品

◎ **A·J·戴蒙德作品**

　　表现和设计一直是紧密联系的。建筑师应该懂得基本速写表现方法，重在不用三角板，比例尺的快速表现徒手画。可借以表现空间或建筑的对象很多，表现方法也各异。

◎ **伯特·多德森 《复杂的缠结》**

　　这是一张培养个人观察性的速写绘画练习，也就是序言提到很多速写是在极富耐心的情况下，经反复观察树枝形状，仔细定位组织构图，用双勾的线描慢慢地画出来的。并非这种严谨复杂的表现方式就不属速写范畴了。

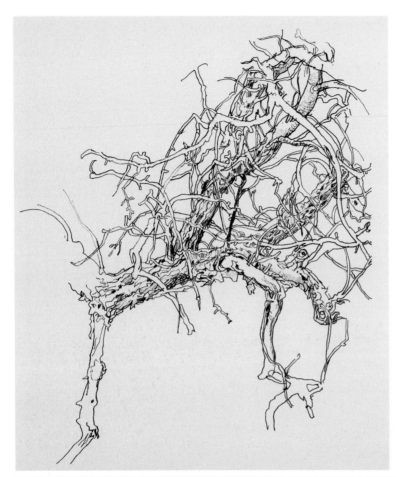

伯特·多德森 《复杂的缠结》

伯特·多德森 《一群人》

◎ **伯特·多德森 《一群人》**

画速写与拍照不同，不能瞬间完成，添加的方式能形成时间堆积的形象。例如这幅作品就是从画一个人开始，快速增加其他的人，再继续增加人，回头看你已画出一群人了。添加性绘画会激发无穷想象。

◎ **罗伊·J·斯特里克费登 《自行车商店速写》（马克笔）**

随身带一个速写本不停观察记录是建筑师培养个人风格的良好习惯，这些平常收集的生活素材将可能成为个人创作灵感的源泉。旅行时别忘了带上马克笔与速写本，像那些杰出的建筑师一样，记录下来之生活的形象构思和素描。

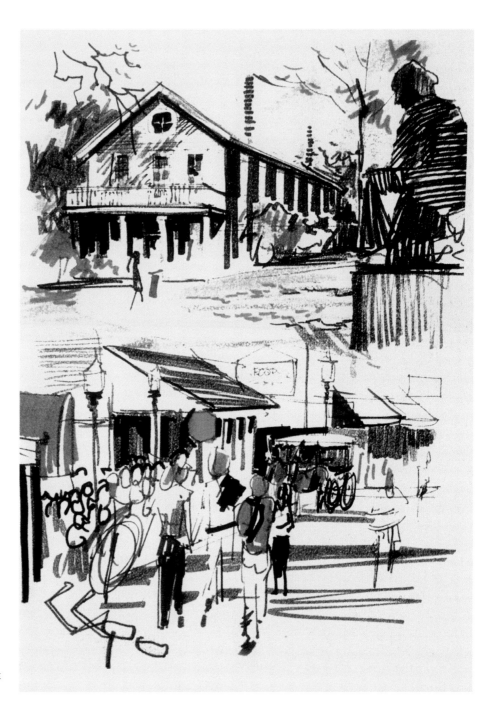

罗伊·J·斯特里克费登 《自行车
商店速写》（马克笔）

◎ 保罗·霍加思 《马萨诸塞州斯宾费尔德》

作者把经过威斯汀豪斯工厂区域的一些工业建筑、老式结构的房子。将各个不同片断的素材，重新排列组合进画面里，用墨水和水彩画在纸上，形成了一幅趣味性的作品。

保罗·霍加思 《马萨诸塞州斯宾费尔德》

参考文献　References

［1］齐康. 漫步画境. 南京：东南大学出版社. 2008.

［2］徐冰. 中央美术学院素描60年. 北京：文化艺术出版社. 2009.

［3］马克辛. 诠释手绘设计表现. 北京：中国建筑工业出版社. 2006.

［4］范迪安. 国际当代素描艺术. 南昌：江西美术出版社. 2003.

［5］章仁缘. 国外素描概念. 南昌：江西美术出版社. 2003.

［6］陈新生等. 建筑快速表现技法. 北京：清华大学出版社. 2007.

［7］夏克梁. 夏克梁手绘精品自选集. 天津：天津大学出版社. 2011.

［8］夏克梁. 钢笔建筑写生与创作. 南京：东南大学出版社. 2005.

［9］姚波. 观察与表现，福建：福建科学技术出版社. 2006.

［10］丰明高等. 建筑风景写生技法与表现. 长沙：湖南大学出版社. 2011.

［11］唐亮. 线之情. 北京：中国计划出版社. 2005.

［12］王彦栋. 从创作速写到方案设计. 北京：机械工业出版社. 2011.

［13］夏克梁. 建筑风景速写基础. 沈阳：辽宁美术出版社. 2010.

［14］饶鉴. 设计表达. 武汉：武汉理工大学出版社. 2010.

［15］（美）伯特. 多德森. 创意素描的诀窍. 王毅译. 上海：上海人民美术出版社. 2009.

［16］（美）R·麦加里，G·马德森. 美国建筑画选——马克笔的魅力. 白晨曦译. 北京：中国建筑工业出版社. 1996.

［17］（美）史迪芬·克里蒙特. 建筑速写与表现图. 刘念雄，刘念伟译. 北京：中国建筑工业出版社. 1997.

［18］（美）保罗·拉索. 图解思考——建筑表现技法. 邱贤丰，刘宇光，郭建青译. 北京：中国建筑工业出版社. 2002.

［19］（美）迈克·W·林. 建筑设计快速表现. 王毅泽. 上海：上海人民美术出版社. 2012.

后 记　Postscript

　　全国高等学校建筑学学科专业指导委员会建筑美术教学工作委员会指导，中国建筑工业出版社担纲出版《全国高校建筑学与环境艺术设计专业美术系列教材》，已是一件酝酿已久的计划，力求出版一套艺术性与专业性兼具的指导性教材。我虽有主编过《设计素描》与《设计色彩》教材的经验，但此次主编《速写基础》仍深感责任重大。有幸邀请厦门大学朱建民老师、华中科技大学李梅老师担任本教材的副主编，感谢他们为本教材做了大量细致编写工作。

本教材主编：
华炜——华中科技大学建筑与城市规划学院教授（绪言、第4章），

副主编：
朱建民——厦门大学建筑与土木工程学院副教授（第3章）、
李梅——华中科技大学建筑与城市规划学院讲师（第1、2章）。

华炜

2013.1